Ozeane und Kontinente richtig benennen und lokalisieren (Geographie, 5. Klasse)

Julian Igel

Bibliografische Information der Deutschen Nationalbibliothek:

Die Deutsche Nationalbibliothek verzeichnet diese Publikation in der Deutschen Nationalbibliografie; detaillierte bibliografische Daten sind im Internet über http://dnb.d-nb.de abrufbar.

ISBN: 9783346916150
Dieses Buch ist auch als E-Book erhältlich.

© GRIN Publishing GmbH
Trappentreustraße 1
80339 München

Alle Rechte vorbehalten

Druck und Bindung: Books on Demand GmbH, Norderstedt Germany
Gedruckt auf säurefreiem Papier aus verantwortungsvollen Quellen

Das vorliegende Werk wurde sorgfältig erarbeitet. Dennoch übernehmen Autoren und Verlag für die Richtigkeit von Angaben, Hinweisen, Links und Ratschlägen sowie eventuelle Druckfehler keine Haftung.

Das Buch bei GRIN: https://www.grin.com/document/1377789

Ozeane und Kontinente

-

Theorie des Unterrichts

Hausarbeit

Zum Seminar

Theorie des Unterrichts an der Universität Bayreuth

Eingereicht von: Julian Igel

aus: Bayreuth

Abgabetermin: 25.02.2018

Inhaltsverzeichnis

I. Allgemeine Vorerwägungen

A Sachanalyse

Antarktika ist der südlichste Kontinent der Erde und Teil der Antarktis. Er wird auch als Südkontinent oder Arktischer Kontinent bezeichnet und schließt den Südpol ein. Antarktika hat eine Fläche von etwa 14 Millionen Quadratkilometern und ist nahezu vollständig vom Antarktischen Eisschild bedeckt. Mit Temperaturen von durchschnittlich 50 Grad minus ist er der kälteste aller Erdteile. Bereits seit der Antike wurde die Existenz eines unentdeckten Südkontinents vermutet und dieser Terra Australis („Südliches Land") genannt. Das Packeis des Südlichen Ozeans und die extremen Witterungsbedingungen machten jedoch eine Erkundung dieser Region lange unmöglich. Erst zum Ende des 19. Jahrhunderts wurde durch Entdeckungen klar, dass im Inneren der Südpolarregion, für die der Name Antarktis geprägt war, tatsächlich Land von kontinentalen Ausmaßen liegt. Im deutschen Sprachgebrauch wurde jedoch insbesondere nach 1920 der Name Antarktika ungebräuchlich, anders als in anderen Sprachen. Stattdessen etablierte es sich, mit „die Antarktis" sowohl das gesamte Südpolargebiet als auch den darin liegenden Kontinent zu bezeichnen. Aus der Doppelbedeutung des Wortes Antarktis folgt allerdings eine mangelnde Unterscheidung von Region und Kontinent. Man unterscheidet deswegen zwischen der Region Antarktis und dem Kontinent Antarktika, der zusammen mit dem Südpolarmeer die Region Antarktis bildet.

Australien besteht als Kontinent aus einer Hauptlandmasse und den vorgelagerten Inseln Tasmanien und Neuguinea. Häufig werden zum Kontinent Australien auch die im Pazifik gelegenen Inselstaaten gezählt, insbesondere aus kulturellen und politischen Gründen auch Neuseeland. Diese erweiterte Region wird aus kulturellen Gründen als Kontinent „Ozeanien" bezeichnet. Die Hauptlandmasse nannte man früher auch Neuholland und der Kontinent wurde aus europäischer Sicht als Fünfter Kontinent gezählt. Der nördlichste Punkt liegt direkt am Äquator, auf der Insel Kabare, im Süden erstreckt sich der Kontinent bis zum Südostkap auf Tasmanien bei 43 Grad Süd. Die Ost-West-Ausdehnung reicht vom Kap Byron am 153. Längengrad Ost bis zum Cape Inscription am 113. Längengrad Ost. Mit einer

Fläche von 8.500.000 km^2 ist der Kontinent fast so groß wie Europa. Die Landmasse von Australien beträgt ohne vorgelagerte Inseln etwa 7.600.000 km und ist damit mehr als dreimal so groß wie die größte Insel der Erde, Grönland. Australien wird nur selten als Insel bezeichnet, man findet auch die Bezeichnung Inselkontinent.

Asien ist mit etwa einem Drittel der gesamten Landmasse, der flächenmäßig größte Erdteil. Nicht nur in der Flächengröße liegt der Kontinent vorne. Er beherbergt auch mit über vier Milliarden Menschen mehr als die Hälfte der Weltbevölkerung. Gemeinsam mit Europa ist Asien ein Teil des Großkontinents Eurasien betrachtet. Die kontinentale Landmasse liegt ganz in der östlichen Hemisphäre und nördlich des Äquators. Ausgenommen davon sind die Tschuktschen-Halbinsel in Ostsibirien, die östlich der Datumsgrenze liegt, und die südöstlichen Inseln im Malaiischen Archipel, die sich auf der Südhalbkugel der Erde befinden. Asien wird im Norden vom Arktischen Ozean, im Osten vom Pazifischen Ozean und im Süden vom Indischen Ozean begrenzt. Asien hat im Westen gegenüber Europa keine eindeutige geographische oder geologische Grenze. Die häufigste Definition der Grenze zu Europa von Nord nach Süd ist das Ural-Gebirge oder auch der Bosporus. Asien weist eine Reihe globaler geographischer Superlativen auf, wie beispielsweise das bevölkerungsreichste Land China und den Mount Everest im Himalaja-Gebirge, als höchsten Berg der Erde. Es ist der Erdteil mit der verschiedenartigsten Vegetation, wechselnd vom Permafrostboden Sibiriens bis hin zum Dschungel Südostasiens

Europa ist ein Erdteil, der sich über das westliche Fünftel der eurasischen Landmasse erstreckt. Europa und Asien sind die einzigen Kontinente, die nicht durch Wasser getrennt sind. Obwohl Europa geographisch gesehen ein Subkontinent ist, der mit Asien zusammen den Kontinent Eurasien bildet, wird es historisch und kulturell begründet meist als eigenständiger Kontinent betrachtet. Der Begriff „Europa" erschöpft sich nicht in der geographischen Definition, sondern bezieht sich auch auf historische, kulturelle, politische, wirtschaftliche, rechtliche und ideelle Aspekte. Europa ist ein relativ kleiner Kontinent, dafür aber dicht besiedelt.

Südamerika als südlicher Teil des amerikanischen Doppelkontinentes und mit einer Fläche von 17.843.000 und einer Bevölkerung von nahezu 400 Millionen der viertgrößte Kontinent der Erde. Der Kontinent ist östlich vom Atlantischen Ozean und westlich vom Pazifischen Ozean umgeben. Die Insel Feuerland an der Südspitze des Kontinents wird durch die Drakestraße vom Nachbarkontinent Antarktika getrennt. Etwas südlich Feuerlands liegt Kap Hoorn, wo Atlantik und Pazifik aufeinandertreffen. Nach Norden hin besteht eine Verbindung über die Landenge von Panama nach Nordamerika.

Nordamerika ist der nördliche Teil des amerikanischen Doppelkontinentes, umgeben nördlich vom Arktischen Ozean, östlich vom Atlantischen Ozean, südlich von der Karibik und westlich vom Pazifischen Ozean. Es ist der drittgrößte Kontinent der Erde, nach Asien und Afrika, und umfasst einschließlich Grönland, der zentralamerikanischen Landbrücke und der Karibik eine Fläche von 24.930.000 km. Nord- und Südamerika sind geologisch unterschiedliche Kontinente und wurden erst relativ spät an der mittelamerikanischen Landbrücke zusammengefügt. Die Verbindung von Nord- und Südamerika ist die Landenge von Panama. Gelegentlich wird Zentralamerika oder auch Mittelamerika als eigener Kontinent genannt, ist jedoch nach vorherrschender Meinung höchstens eine Region wie z.B Westeuropa und gehört zu Nordamerika

Atlantischer Ozean (Atlantik)

Als zweitgrößtes Weltmeer bedeckt der Atlantik mehr als ein Fünftel der Erdoberfläche. Er entstand vor 150 Millionen Jahren. Er ist also ein relativ junger Ozean, der noch wächst. Die vom Mittelatlantischen Rücken ausgehende Spreizung des Meeresbodens lässt ihn pro Jahr um rund 25 Millimeter breiter werden. Durch den Atlantischen Ozean werden die Kontinente Europa und Afrika von Amerika getrennt. Umgeben wird er im Süden von der Antarktis, im Südwesten von Südamerika, im Nordwesten von Nordamerika, im Norden von der Arktis, im Nordosten von Europa und im Osten von Afrika sowie dem Indischen Ozean. Zu finden ist der Atlantik in erster Linie in der westlichen Hemisphäre. Viele große Flüsse münden in den Atlantik: an den nord-und südamerikanischen Rändern der Sankt-Lorenz-Strom, Mississipi, Orinoko, Amazonas, Uruguay und Parana; an der westafrikanischen Küste der Kongo und der Niger. Der Nordostatlantik wird von Rhein, Loire,

Elbe und anderen großen Flüssen gespeist, andere große Flüsse münden ins Mittelmeer, ins schwarze Meer und in die Ostsee. Die breiten, stabilen Kontinentalsockel des Ozeans stellten jahrhundertelang eine Quelle des Reichtums dar, die zahllose Fischereien aufrechterhielt (mittlerweile sind viele zusammengebrochen). In jüngster Vergangenheit wurden ergiebige Erdöl-und Erdgasvorkommen ausgebeutet.

Indischer Ozean (Indik)

Als kleinstes der vier großen Weltmeere weist der Indische Ozean einzigartige Merkmale auf. Im Gegensatz zum Atlantik oder Pazifik ist er nach Norden hin vollkommen abgeschlossen – von der asiatischen Landmasse. Seine Hauptströmung, der Somalistrom, ändert mit den Jahreszeiten seine Richtung. Alle anderen subtropischen Meeresbecken, wie die südatlantischen oder nordpazifischen in Äquatornähe, weisen eine starke westliche Begrenzungsströmung in Richtung Pol sowie eine schwache, breite Drift als östliche Begrenzungsströmung auf. Im Südindischen Ozean gibt es eine starke, polgerichtete Strömung entlang der australischen Westküste, den Leeuwinstrom. Wie Atlantik und Pazifik besitzt auch der Indische Ozean einen Mittelozeanischen Rücken. Er ist mit der Landmasse von Madagaskar und anderen in Nord-Süd-Richtung verlaufenden Tiefseegebirgen verbunden. Der Indische Ozean grenzt an die Kontinent Asien, Afrika und Australien sowie den Antarktischen Ozean.

Pazifischer Ozean (Pazifik)

Der Pazifische Ozean ist das größte Weltmeer. Der Ostpazifische Rücken teilt ihn in zwei ungleiche Abschnitte: das enge Peru- und Chilebecken im Osten und eine weitere Eben im Zentrum. Der Pazifik ist von einem durch Erdbeben und Vulkanausbrüche gekennzeichneten „Feuerring" umgeben, der starke Tsunami auslösen kann. An seinem Rand lassen tektonische Erdplattenbewegungen einige der tiefsten Gräben der Welt aufbrechen. Tausende Tiefseeberge erheben sich aus dem Meeresboden, oft bis auf 300 Meter unter der Wasseroberfläche.[1] Als Überreste von Unterwasservulkanen beherbergen sie isolierte, hochproduktive Ökosysteme. Der portugiesische Entdecker Magellan, der 1521 mit den Passatwinden über den Pazifik segelte, nannte den Ozean „pazifisch" („friedlich"), weil die Stürme, die ihn

---

[1] Vgl. Hutchinson Stephen (2010), „Atlas der Ozeane, Geographie, Lebewesen, Klima und Naturphänomene", National Geographic, S.166 ff.

auf seiner Seereise vor Erreichen des Pazifiks heimsuchten, nachließen. Deswegen wird der größte Ozean der Erde wird auch Stiller Ozean genannt. Mikronesische, melanesische und polynesische Seefahrer steuern ihre Boote seit vielen Jahrhunderten durch die Inselwelt der Südhalbkugel und des Nordwestpazifiks. Der Pazifische Ozean grenzt im Westen an Ozeanien, im Südwesten an Australien, im Nordwesten an Asien, im Süden an die Antarktis, im Südosten an Südamerika, im Osten an Mittelamerika, im Nordosten an Nordamerika und im Norden an die Arktis.

Antarktischer Ozean (Südpolarmeer)

Zweitkleinster Ozean unseres Planeten ist der Antarktische Ozean, auch genannt Südpolarmeer, Südlicher Ozean, Antarktik oder Südliches Eismeer. Die nördliche Grenze des ringförmigen Meeres ist die Antarktische Konvergenz oder Polarfront. Hier strömt kaltes Wasser aus der Antarktis unter wärmerem subtropischem Wasser hindurch. Die Südgrenze bildet die Antarktis selbst. Anhaltende Westwinde treiben das Oberflächenwasser nach Osten. Nur in der unmittelbaren Umgebung des Kontinents herrschen westwärts fließende Oberflächenströmungen vor. Das Südpolarmeer fällt von der Antarktis steil auf eine durchschnittliche Tiefe von 4500 Metern ab. Ein großer Teil der Gesamtfläche friert im Winter zu. Das Packeis erstreckt sich manchmal bis zur Antarktischen Konvergenz. Im Sommer weicht die Eisgrenze zurück. Viele Küstengebiete bleiben jedoch vom Packeis eingeschlossen. Weddell- und Rossmeer, die beiden großen Buchten zwischen Ost- und Westantarktis, sind ständig von Packeis bedeckt.

B Didaktische Analyse

1 Situationsanalyse

Die vorliegende Unterrichtseinheit wurde für die Klasse 5D der Realschule entwickelt. In dieser lernen gegenwärtig 24 Schüler, davon 16 Jungen und 8 Mädchen. Zu Beginn des Schuljahres ist die Klasse komplett neu zusammengesetzt worden, aus Schülerinnen und Schüler der Grund- und Volksschulen, die den Übertritt erfolgreich gemeistert haben, und zwei Wiederholern (Daniel Holland und Marie Oberhausen). Es war mir schnell möglich, ein vertrauensvolles Verhältnis zu den Schülern aufzubauen, welches sich im Rahmen der außerordentlichen Veranstaltung „Kennenlerntage" im Oktober 2018 nochmals festigen konnte. Im laufenden Schuljahr unterrichte ich die Kinder, die insgesamt als zugänglich und motiviert beschrieben werden können, zweimal wöchentlich im Fach Geographie. Ungeachtet des jeweiligen Lernbereichs kommen im Unterricht häufig digitale Medien zum Einsatz. Die Fünftklässler reagieren stets motivierend auf die gezeigten Lernvideos, vor allem war dies bei Themen wie dem „Sonnensystem" und dem „Aufbau der Erde" zu beobachten.

2 Lehrplanbezug

Die Unterrichtsstunde „Ozeane und Kontinente" ist dem Lernbereich 3 „Gestalt und Gliederung der Erde" des Lehrplans, der insgesamt 10 Unterrichtsstunden vorsieht, zuzuordnen. Unter dem übergreifenden Ziel der Medienbildung/Digitale Bildung sollen die Schülerinnen und Schüler die Gliederung der Erdoberfläche beschreiben und deren Darstellungen in Modellen und Karten vergleichen.[2] Hierbei sollen unter Verwendung der Himmelsrichtungen und des Maßstabs die absoluten (Gradnetzangabe, Höhe über NN, Längen- und Breitenkreise, Pole, Äquator) und relativen Lagebeziehungen verbalisiert werden.[3] Sie nutzen räumliche Vorstellungen auf verschiedenen Maßstabsebenen und wenden ausgehend von ihrer Kenntnis des Heimatraums, Möglichkeiten der Orientierung im Realraum an. Aufbauend

---

[2] Vgl. „Staatsinsitut für Schulqualität und Bildungsforschung München - Lehrplan Plus Realschule Bayern", https://www.lehrplanplus.bayern.de/zusatzinformationen/ug_ziele/lernbereich/66229/fachlehrplaene/realschule/5/geographie, Abrufdatum 28.12.18

[3] Vgl. „Staatsinsitut für Schulqualität und Bildungsforschung München - Lehrplan Plus Realschule Bayern", https://www.lehrplanplus.bayern.de/fachlehrplan/realschule/5/geographie, Abrufdatum 28.12.18

auf dem Vorwissen aus der Grundschule empfiehlt es sich, einfache Maßstabsrechnungen und Längenmessungen durchführen zu können. Bei Größen sollen die Begriffe Maßzahl und Maßeinheit unterschieden und je nach Alltagssituation passende Maßeinheiten und Größenvorstellungen zum Schätzen genutzt werden. Bei Vergrößerungen und Verkleinerungen wird der zugrunde liegender Maßstab ermittelt, Längen werden mithilfe des Maßstabs berechnet und Zeichnungen umgekehrt maßstabsgetreu ausgeführt. Da an der Realschule der Maßstab erst im Lernbereich 4 „Größen" behandelt wird, empfiehlt es sich, zunächst nur einfache Längenmessungen durchzuführen und Aufgaben zur Maßstabsberechnung mit der Mathematik-Lehrkraft abzusprechen.

3 Bildungsgehalt nach Wolfgang Klafki

Nach Wolfgang Klafki, deutscher Erziehungswissenschaftler, bildet die Didaktische Analyse, das Kernstück der Unterrichtsvorbereitung. Mit Hilfe der Didaktischen Analyse soll die Lehrkraft klären, welcher Bildungsgehalt in den Unterrichtsinhalten stecken könnte. Es geht um eine didaktische Interpretation, Begründung und Strukturierung des Unterrichtsinhalt im Hinblick auf die konkrete Unterrichtsplanung. Hierbei ist Klafkis Begriff der „Bedeutung" zentral: die Gegenwartsbedeutung, die Zukunftsbedeutung und die exemplarische Bedeutung.[4]

Unter dem Gesichtspunkt des Zugangs zum Thema ist festzuhalten, dass die Kinder bereits mit dem Thema Kontinente/Ozeane in der 4.Klasse der Grundschule konfrontiert wurden. Erste Erfahrungen mit Lesen von Karten und die dabei zu berücksichtigen Kartenmerkmale (Höhendarstellung, Maßstab, Kartenzeichen und Legende, Generalisierung, Nordung) wurden behandelt. Das Verhältnis von Wirklichkeit und ihrer Darstellung auf Karten oder Plänen wurde reflektiert und die Schüler beschreiben dieses als von Menschen zu bestimmten Zwecken konstruiert.[5] Die Schüler und Schülerinnen setzen den Heimatort in Beziehung zu größeren räumlichen Einheiten, dazu zählen Himmelsrichtungen, unterschiedliche Karten und ihre Merkmale sowie Einheiten der politischen (Stadt, Landkreis, Bayern,

---

[4] Vgl. https:// www.vormbaum.net/index.php/latest-downloads/universitaet-konstanz-studenten/downloads-fuer-fachdidaktik-deutsch-i/hinweise-fuer-die-hausarbeit-in-fd-1/2200-klafki-der-begriff-der-bedeutung/file

[5] Vgl. „Staatsinstitut für Schulqualität und Bildungsforschung München – Lehrplan Plus Heimat und Sachunterricht 3/4", https://www.lehrplanplus.bayern.de/fachlehrplan/grundschule/4/hsu

Deutschland und Europa) und geographischen (Gebirge, Gewässer, Kontinente) Gliederung.

Ein grundlegendes geographisches Orientierungswissen, dass die Schüler in der vorliegenden Unterrichtsstunde in Bezug auf Kontinente und Ozeane erhalten sollen, ist vor allem für die nachfolgenden Jahrgangsstufen relevant. Das Spektrum wird erweitert und es werden einzelne Kontinente physisch genauer betrachtet. Topografische Inhalte der einzelnen Kontinente und Ozeane vermitteln ein grobes Gesamtbild von der Welt und helfen dabei, Entfernungen einschätzen zu können, was sich positiv auf viele verschiedene Alltagssituationen auswirkt. Allgemein beschäftigt sich die Geographie aber nicht nur mit der Lage einzelner Regionen, sondern befasst sich mit Vegetation und Klima, was zu einem Grundverständnis der Wetterentstehung beiträgt. Das Allgemeinwissen des Schülers wird erheblich erweitert, vor allem durch Mentalitäten, Bräuche, wirtschaftliche Lagen, sowie Lebenswege, Menschen und Traditionen.[6]

4 Didaktische Reduktion

Die Schüler sollen einen groben Überblick über Kontinente und Ozeane erhalten und diese schließlich richtig benennen können. Aufgrund der nur einstündigen Unterrichtseinheit reicht die Zeit für einen tieferen Blickwinkel in die Materie nicht aus. Komplexe Inhalte, wie einzelne Vegetationszonen, Geographische Besonderheiten sowie der Plattentektonik könnten die Schüler und Schülerinnen überfordern.

C Methodische Analyse

1 Methodischer Aufbau der Stunde

Der Unterricht beginnt mit einem **(stummen) Impuls**, bei dem die Lehrkraft ein Bild des „blauen Planeten" über den Overheadprojektor zeigt und die Schüler so zu Äußerungen angeregt werden sollen. Im Gegensatz zur Lehrerfrage soll hierbei

---

[6] Vgl. „Geographie – Begeistert von der Grundschule bis zum Abi" ,https://www.inspire-geoportal.eu/geographie.html, Abrufdatum 28.01.19

das Denkfeld der Schülerinnen und Schüler erweitert werden, sowie eine intensivere Reaktivierung des Vorwissens entstehen. Das Erkennen von einzelnen Kontinenten soll dadurch anschaulich gemacht werden. Der OHP eignet sich aufgrund seiner Signalwirkung durch den so genannten Spotlight-Effekt, um ein Bild einem größeren Publikum zu präsentieren. Der Lehrer entwickelt fragend und durch geschickte Nutzung des stummen Impulses einen Sachzusammenhang aus der Sicht und in der Sprache der Schüler. Sie sollen die Verteilung von Wasser und Land auf der Erde mit dem Aspekt „Mehr Wasser als Land" und das Modell der „Weltkugel" erkannt haben.

Mithilfe eines Arbeitsblattes zum Thema „Kontinente/Ozeane" und einer Partnerarbeit sollen nun Ozeane und Kontinente richtig benannt und lokalisiert werden. Das Arbeitsblatt gilt als literarische Lernhilfe oder auch als Lerninstrument und kann zu den nicht-technischen Unterrichtsmedien gezählt werden.[7] Es hat die Funktion zum selbständigen, aktiven und gezielten Denken anzuregen. Die Lernenden sollen die Gelegenheit erhalten, in irgendeiner Form selbsttätig zu werden. In der Gestaltung entspricht es dem Entwicklungsstand des Lernenden. Ziel ist es die unterrichtliche Arbeit anzuregen, zu fördern, zu kontrollieren und zu sichern. Das emotionale Interesse und die intellektuelle Aufmerksamkeit der Adressaten gilt es zu wecken. Mittels der Partnerarbeit bauen die Lernenden Beziehungen zu ihren Mitschülern aus und lernen, wie gewinnbringend gemeinsame Überlegungen sind. Bei dieser Methodik steht nicht in erster Linie die Schnelligkeit und „Richtigkeit" einer Lösung im Vordergrund, sondern die Erfahrung, gemeinschaftlich eine Lösung zu finden, die zu zweit komplexer durchdrungen werden kann, als in Einzelarbeit. Sozialkompetenz soll auch erworben werden, das bedeutet, andere Lerner von ihren Voraussetzungen, Fähigkeiten und Kompetenzen zu akzeptieren und mit ihnen kooperativ so umzugehen, dass ein möglichst hoher gemeinsamer kommunikativer, sozialer Gewinn entstehen kann. Dies heißt, den anderen ausreden zu lassen, seine Wahrnehmungen mit aufzunehmen, gemeinsame Ziele und Wege zu finden, Probleme zu verhandeln und Problemlösungen gemeinsam zu suchen. Besonders bedeutend ist, dass bei der Partnerarbeit sich alle Lernenden einbringen können und müssen, anders als dies bei größeren Gruppen oder im Frontalunterricht von statten gehen kann. So beteiligen sich hierbei auch jene, die

---

[7] Vgl. „Funktionen von Arbeitsblättern", http://www.colour.education/wp-content/uploads/2016/11/Die-Arbeit-mit-Unterrichtsmaterialien-an-berufsbildenden-Schulen-im-Bereich-Gestaltung-am-Beispiel-des-Arbeitsblattes---Anwendung-und-Qualitätskriterien-2.pdf, Abrufdatum 4.01.19

ansonsten aus Schüchternheit gegenüber einer großen Lerngruppe oder der Anwesenheit des Lehrkörpers nicht am Unterrichtsgespräch teilnehmen. So wird die Lernbereitschaft gesteigert, das erarbeitete Wissen besser verinnerlicht und eigenes, kritisches Denken gefördert. Auch Lernende sind Didaktiker, wie es die konstruktivistische Didaktik von Kersten Reich zeigt.[8] Insoweit kann jede Partnerin zugleich Lehrerin sein, was gegenseitige Hilfe und Solidarität im Lernen einschließt. Die Schüler können sich unbewertet frei äußern und ihnen wichtige Gedanken eigenständig verfolgen, wobei sie von ihrem Partner bereichert werden. Dieses Verständnis von Lernen soll, wenn möglich auch auf den Kontakt zwischen Klasse und Lehrer übertragen werden, so dass der Lehrer für die Schüler und Schülerinnen ein unterstützender Partner wird. Zum Abschluss der Unterrichtsstunde soll das Erlernte Wissen mit Hilfe eines Rätsels überprüft werden. Das Rätsel ist den Lern – und Denkspielen zuzuordnen. Werden Rätsel im Unterricht zum Zwecke des Lernens eingesetzt, so können diese den Spaß am Lernerfolg und am weiteren Lernen der Schüler sehr oft anregen. Man bezeichnet es auch als eine „Brückenfunktion" zwischen schulischem Lernen und Spielen mit Spaß.[9]

2 Reflexion mehrerer Schwierigkeiten

Das Lokalisieren Deutschlands in Europa mittels Partnerarbeit muss kritisch betrachtet werden. Partnerarbeit ist nicht konfliktfrei, besonders dann nicht, wenn es zu Zwangsgemeinschaften kommt.[10] Die häufig von Lehrern gewählte Vorgangsweis, zwei Sitznachbarn automatisch zu Partnern zu bestimmen, ist nicht immer empfehlenswert. Der Zeitverlust durch eine freiwillige Partnerwahl ist oft ein Zeitgewinn in der Arbeitsphase. Selbstverständlich muss auch versucht werden, Außenseiter in diese Sozialform einzugliedern (eventuell durch geloste oder gezogene Partnerwahl). Es muss auch geklärt werden, inwiefern die Arbeiten auf die beiden Partner verteilt sind, ist es möglich, dass jeder auf seinem Niveau arbeiten kann? Oftmals bringen Partnergespräche Unruhe ins Klassenzimmer. Somit kann

---

[8] Reich, K (Hg.), http://methodenpool.uni-koeln.de/download/partnerarbeit.pdf

[9] Reich, K (Hg.), http://methodenpool.uni-koeln.de/download/quiz_raetsel.pdf

[10] SITTE, W. und H. WOHLSCHLÄGL, Hrsg. (2001): Beiträge zur Didaktik des „Geographie und Wirtschaftskunde"-Unterrichts. Wien, 564 Seiten (= Materialien zur Didaktik der Geographie und Wirtschaftskunde, Bd. 16) https://www.univie.ac.at/geographie/fachdidaktik/Handbuch_MGW_16_2001/Seite114-116.pdf, Abrufdatum 9.01.19

das lernförderliche Unterrichtsklima geschadet werden und ein hoher Anteil echter Lernzeit verloren gehen.

D Lernziele – Konkretisierung des Themas

Ziel der Stunde

- Ozeane und Kontinente richtig benennen und lokalisieren können

Teilziele:

- Die Schüler sollen einen Überblick über die Welt erhalten und Ozeane richtig benennen können
- Die Schüler sollen Deutschland lokalisieren und die Lage Deutschlands in Europa mit den umliegenden Nachbarländern erkennen
- Die Schüler sollen die einzelnen Kontinente richtig benennen und lokalisieren können
- Auffälligkeiten, wie „Eurasien" und „Antarktika" sollen die Schüler verstanden haben
- Die Schüler sollen lernen, mit Karten und Modellen richtig zu arbeiten

II. Tabellarischer Stundenverlauf

**Stundenverlaufsplan zur Unterrichtsstunde
in der Klasse 5D, Geographie am 4.3.2019**

Zeit	Unterrichtsphase	Unterrichtsverfahren und -inhalte	Arbeits – und Sozialform	Arbeitsmaterialien und Medien	Ergebnisse
9:45-9:55 (10 min)	Begrüßung	Begrüßung der Schüler			
	Einstieg	Zeigen des Bildes „blauer Planet" -Wichtige Leitfrage: Schätzt die Verteilung von Land und Wasser ein! -Erwartete Antwort: Mehr Wasser als Land	FU/Stiller Impuls Offene Frage	-Laptop -Beamer -Tafel	-Die SuS werden auf das Thema der Stunde hingeführt -Aktivierung von Vorwissen (gegebenenfalls einzelnes Erkennen von Kontinenten und Ozeanen)
9:55-10:25 (30min)	Erarbeitung TZ 1	-SuS sollen einen Überblick über die Welt erhalten und Kontinente sowie Ozeane richtig loka-lisieren können.	Partnerarbeit	-Atlas -Schulbuch	
	Sicherung TZ 1	-SuS sollen Ozeane und Kontinente mit-tels Atlas richtig be-nennen und lokali-sieren -Aufteilen der Klasse: -Gruppe 1 → Oze-ane -Gruppe 2 → Konti-nente	Partnerarbeit Gruppenarbeit Frontalunterricht	-Heft -Atlas -Buch -Arbeitsblatt	-Zusammentragen der Ergebnisse und Verbesserung des Arbeitsblattes
	Erarbeitung TZ 2	-Die SuS sollen Deutschland lokali-sieren und die Lage Deutschlands in Eu-ropa erkennen	-Partnerarbeit -Gruppenarbeit	-Heft -Atlas -Buch	-Die SuS sollen Besonderheiten der Lage Deutschlands Meerlage mit Nordsee und Ostsee) und die Nachbarländer

				13	erkennen -Entfernungen sollen richtig abgeschätzt werden
9:55-10:25 (30min)	Erarbeitung TZ 3	-Die SuS sollen über Auffälligkeiten und Besonderheiten der Kontinente und Ozeane diskutieren	-Gruppenarbeit -Diskussion	-Heft -Buch	-Die SuS erkennen Auffälligkeiten wie „Eurasien" oder „Antarktika"
10:25-10:30	Gesamtsicherung und Hausaufgabe	-Die SuS tragen gemeinsam alle Kontinente und Ozeane zusammen -Aufhängen der Weltkarte in Form eines großen Plakats	-Blitzlicht	-Weltkarte -Arbeitsblatt	-Weltkarte als Reminder für SuS

III. Literatur und Medienverzeichnis

Geo Unterrichtsstunde Idee

Aufbau der Erde: Ozeane und Kontinente

Vorherige Stunde: Sonnensystem, Lage der Erde
folgende Stunde: Schalenbau der Erde

Einleitung: stiller Impuls „der blaue Planet" - was fällt den Kindern dazu ein (Bild mit der Überschrift Seite 2)

- es ist die Weltkugel unsere Erde
- mehr Meer als Land

Frage: Wie schätzt ihr die Verteilung von Land und Wasser auf der Erde ein?

Fakten: 70% Wasser 30% Land etc
      Erde war mal komplett mit Wasser bedeckt bis sich das Festland daraus erhob

1. Teilziel: Die Schüler sollen einen Überblick über die Welt erhalten und Kontinente sowie Ozeane richtig lokalisieren können.

(Arbeitsblatt siehe Abb.: schwarz-weiße Weltkugel Kinder sollen Kontinente und Ozeane benennen mithilfe vom Atlas danach Arbeitsblatt verbessern (sozusagen als Hefteintrag werten))

2. Teilziel: Die Schüler sollen Deutschland lokalisieren und die Lage Deutschlands in Europa erkennen mit den umliegenden Nachbarländern

(lokalisieren wo wir ungefähr sind welche Lage Deutschland hat: nahe am Meer (Ostsee/Nordsee) aber auch zwischen den Ländern (Frankreich/Österreich/Schweiz/Tschechien/Polen/Dänemark/Luxemburg/Niederlande/Belgien) Kilometerangaben schätzen lassen

(Frage bspw. was besonders auffällt, wenn man sich die Grenzen Afrikas und Südamerikas anschaut)

IV. Literatur und Medienverzeichnis

Stiller Impuls zum Start der Stunde

Anmerkung der Redaktion:
Diese Abbildung wurde aus urheberrechtlichen Gründen entfernt.

Abb 1 „Planet Erde",
https://www.flickr.com/photos/eagle1effi/13505002915
(Abrufdatum 04.12.18)

Arbeitsblatt Weltbild

Bennen die Kontinente und Ozeane mit Hilfe deines Nachbarn.

Anmerkung der Redaktion:
Diese Abbildung wurde aus urheberrechtlichen Gründen entfernt.

Abb.2 „Weltbild Ozeane und Kontinente",
https://www.derlehrerclub.de/download.php?type=documentpdf&id=2313
(zuletzt aufgerufen am 4.12.2018)

Als Hilfsmittel darf der Atlas verwendet werden.

A: ____
B: ____
C: ____
D: ____
E: ____
F: ____
G: ____

1: ____
2: ____
3: ____
4: ____

Größe der Kontinente und Ozeane (in Mio. km^2)

Australien	8
Europa	10
Antarktis	14
Südamerika	18
Nordamerika	24
Afrika	30
Asien	44
Indischer Ozean	75
Atlantischer Ozean	106
Pazifischer Ozean	180

Aufgabe zur Größe der Kontinente und Ozeane

Zeichne ein Säulendiagramm zur folgenden Tabelle

Übersicht der Kontinente und Ozeane

Anmerkung der Redaktion:
Diese Abbildung wurde aus urheberrechtlichen Gründen entfernt.

Abb. 3 „Übersicht Ozeane und Kontinente",
https://www2.klett.de/sixcms/list.php?page=nbl&sammlung=Kontinente+und+Ozeane+-+Topogra
fie&e_id=224571&element=Kontinente+und+Ozeane&typ=frage (zuletzt aufgerufen am 28.01.19)

Abschlussquiz zum Thema Kontinente und Ozeane

a) Der größte Kontinent heißt _______________________________

b) Der größte Ozean heißt _______________________________

c) Afrika ist dreimal so groß wie der Kontinent _______________

d) Australien ist dreimal kleiner als _______________________

e) Zwischen Europa, Afrika, Südamerika und Nordamerika liegt der
____

f) Afrika, Asien, Australien und die Antarktis grenzen an den
____

g) Wir leben auf dem zweitkleinsten Kontinent: _______________

h) Größer als Südamerika sind die Kontinente
____

i) Der kleinste Kontinent heißt _______________________________

Literaturverzeichnis

Oberschelp L.: „Das Verschwinden der fleißigen Helfer" (2012), https://reset.org/knowledge/bienensterben-das-verschwinden-der-fleissigen-helfer, Abrufdatum 10.08.2016

Imhoof M. / Lieckfeld: „More than honey – vom Leben und Überleben der Bienen" (2013), Freiburg: orange-press, Einband Vorderseite

Vegane Gesellschaft Österreich, Wien: „Von Bienen, Blumen und Honig". https://vegan.at/bienen-honig, Abrufdatum 02.10.2016

Klockow P.: beeventure, „Bienenwesen – Honigblase", http://www.beeventure.de/imkerei/honigbiene/bienenwesen/honigblase.html, Abrufdatum 7.10.2016

Böhm S. / Imkerei Böhm: „Bestäubung durch Pollen", http://www.imkerei-boehm .de /html/blutenpollen.html, Abrufdatum 25.09.2016

Deutscher Imkerbund e.V.: Informationsbroschüre – faszinierende Bienenwelt, „Bienenkönigin, Drohn- und Arbeitsbienen", http://www.nordwestreisemagazin.de/bienen/bienenwe.htm, Abrufdatum 25.09.2016

Von Frisch K.: „Aus dem Leben der Bienen" (1993),10. Auflage, Springer Verlag (Hrsg.), S. 167 f., S.182 f.

Bienefeld Prof. Dr. K. / Länderinstitut für Bienenkunde Hohen Neuendorf e.V.: „Der wirtschaftliche Nutzen der Honigbiene", https://www2.hu-berlin.de/bienenkunde/index.php?id=116, Abrufdatum 02.10.2016

Deutscher Imkerbund e.V.: „Imkerei in Deutschland", http://www.deutscherimkerbund.de/160/Die_deutsche_Imkerei_auf_einen_Blick, Abrufdatum 26.09.2016

Bienefeld Prof. Dr. K. / Länderinstitut für Bienenkunde Hohen Neuendorf e.V.: „Der wirtschaftliche Nutzen der Honigbiene", https://www2.hu-berlin.de/bienenkunde/index.php?id=116, Abrufdatum 03.10.2016

Schwartauer Werke GmbH & Co. KGaA.: „Der Wert der Biene für den Menschen", http://www.bee-careful.com/de/fruchtvielfalt/wert-der-biene/, Abrufdatum 03.10.2016

Maaß St.: „Die Honigbiene ist ein wirtschaftliches Schwergewicht", https://www.welt.de/Welt_print/wirtschaft/artickle9046179/Die-Honigbiene-ist-ein-wirtschaftliches-Schwergewicht.html, Abrufdatum 15.08.2016

Imhoof M. / Lieckfeld: „More than honey – vom Leben und Überleben der Bienen" (2013), Freiburg: orange-press, S.17

Naju Naturschutz wiki.: „Apfelbaum", http://www.naju-wiki.de/index.php/Apfelbaum, Abrufdatum 06.10.16

Heimann Dr. Ch. / Norddeutsche Peschetz Zuchtgemeinschaft e.V.: „Die Bedeutung der Honigbiene im Kreislauf der Natur", www.npz-ev.de/wp_bienen/die_bedeutung_der_honigbiene_im_kreislauf_der_natur/, Abrufdatum 15.10.2016

Bayerische Landesanstalt für Weinbau und Gartenbau – Fachzentrum Bienen: „Landeskulturelle Bedeutung der Bienenhaltung", https://www.lwg.bayern.de/mam/cms06/bienen/dateien/landeskulturelle_bedeutung.pdf, Abrufdatum 17.10.2016

Weiler M.: „Der Mensch und die Bienen" (2000), Autorenkommentar Vorwort, Verlag Lebendige Erde; Auflage: 2. Aufl., https://www.amazon.de/Mensch-Bienen-Betrachtungen-Lebens%C3%A4u%C3%9FerungenBIEN/dp/392153660X, Abrufdatum 15.10.2016

Lorenz S. und Stark K.: „Menschen und Bienen: Ein nachhaltiges Miteinander in Gefahr" (2015), oekom Verlag (Hrsg.), S. 139 ff.

Munique I. und Burger R., Bieneninitiative „bienen-leben-in-bamberg", Aussagen aus Interview vom 28.10.2016

Müller-Jung J. (FAZ).: „Bienensterben – die Globalisierung ist schuld", http://www.zds-bonn.de/aktuelles/bienensterben-die-globalisierung-ist-schuld.html, Abrufdatum 29.09.2016

Aigner S.: „Stiller Tod – warum Bienen sterben" (2013), http://www.heise.de/tp/artikel/39/39414/1.html, Abrufdatum 29.09.2016

Lorenz S.: „Menschen und Bienen - Ein nachhaltiges miteinander in Gefahr" (2015), Oekom-Verlag (Hrsg.), S. 148 f.

Universität Hohenheim / Landesanstalt für Bienenkunde: „Bienenkurs SS 2006", Skript Bienenkrankheiten – Verlauf, Bekämpfung, Vorbeugung.

Martinson A.: „Honigbienen reagieren auf wärmeres Frühjahr", http://www.welt.de/wissenschaft/article13423455/Honigbienen-reagieren-auf-waermeres-Fruehjahr.html, Abrufdatum 05.10.2016

Wikipedia.: Kleiner Beutenkäfer, Textquelle 33, http://bienen-in-gefahr.jimdo.com/monokulturen-klimawandel-und-strahlung/, Abrufdatum 05.10.2016